Ikhwan Fauzan

O desempenho das codornizes com a adição de gengibre e curcuma

Ikhwan Fauzan

O desempenho das codornizes com a adição de gengibre e curcuma

ScienciaScripts

Imprint

Any brand names and product names mentioned in this book are subject to trademark, brand or patent protection and are trademarks or registered trademarks of their respective holders. The use of brand names, product names, common names, trade names, product descriptions etc. even without a particular marking in this work is in no way to be construed to mean that such names may be regarded as unrestricted in respect of trademark and brand protection legislation and could thus be used by anyone.

Cover image: www.ingimage.com

This book is a translation from the original published under ISBN 978-620-2-31311-7.

Publisher:
Sciencia Scripts
is a trademark of
Dodo Books Indian Ocean Ltd. and OmniScriptum S.R.L publishing group

120 High Road, East Finchley, London, N2 9ED, United Kingdom
Str. Armeneasca 28/1, office 1, Chisinau MD-2012, Republic of Moldova, Europe
Printed at: see last page
ISBN: 978-620-7-96386-7

CAPÍTULO 1 INTRODUÇÃO

1.1 Antecedentes

Os ovos e a carne são o resultado da criação de gado, que é muito popular na Indonésia. Um dos animais que fornece estes produtos é a codorniz. A codorniz pode apoiar a disponibilidade pública de proteínas animais. Os preços da codorniz são baratos e facilmente disponíveis, a carne e os ovos de codorniz têm um bom conteúdo nutricional. A codorniz é um animal de produção rápida, que só consegue pôr ovos durante 40 dias. O negócio das codornizes também pode ser feito com um capital relativamente pequeno e um terreno que não seja demasiado grande (Ministério da Agricultura 2012).

A codorniz é uma ave poedeira com um grande potencial de desenvolvimento, especialmente no que respeita aos ovos e à carne. As codornizes têm um bom nível de produção de ovos e só perdem para as galinhas poedeiras. Além disso, a carne de codorniz não é de modo algum inferior à carne de frango. A carne de codorniz tem um elevado valor nutritivo, um sabor delicioso, é saborosa e tem uma textura macia. As codornizes japonesas (Coturnix Coturnix japonica) são criadas para a produção de ovos, carne e como animais de laboratório. A carne de codorniz é utilizada como codorniz macho ou miudezas de codorniz. Muitos factores influenciam o desempenho produtivo das codornizes, um dos quais é a alimentação (Wuryadi 2011).

A alimentação é um fator que deve ser tido em conta em todas as explorações pecuárias, uma vez que os nutrientes para os animais provêm dos alimentos que consomem. Os desenvolvimentos tecnológicos tiveram um grande impacto na agricultura, especialmente no fator alimentação. Os resultados da investigação são adaptados pelos agricultores para aumentar a produtividade. Um progresso satunnya de promoção do crescimento com antibióticos. O problema que se coloca é que a utilização de antibióticos como aditivo alimentar (aditivo), embora a aplicação não seja aplicada aos seres humanos, mas a sua utilização para o gado pode ter um impacto na saúde humana (Soeharso et al 2010).

Os antibióticos devem ser utilizados de forma a que a dose administrada seja capaz de matar os agentes patogénicos e que estes não provoquem mutações cromossómicas. Se a função dos antibióticos for correta, os promotores de crescimento aumentarão. Várias fontes podem ser obtidas a partir de antibióticos à base de plantas (fitobióticos), as ervas têm um melhor nível de segurança, pelo que podem ser utilizadas como uma alternativa à utilização de antibióticos no sistema de criação de animais. As ervas que podem atuar como fitobióticos são um grupo de plantas ou plantas Zingiberaceae, o gengibre (Zingiber officinale) e a curcuma (Curcuma domestica) (Soeharso et al 2010).

De acordo com Sudarsono (1990), a substância de cor amarela da curcuma, ou vulgarmente designada por curcumina, tem benefícios quando administrada aos animais como alimento suplementar. Os benefícios incluem o aumento do apetite, a melhoria do funcionamento dos órgãos digestivos, a estimulação das paredes da vesícula biliar para segregar bílis e a estimulação da libertação de sumo pancreático contendo amilase, lipase e protease, que é útil para melhorar a digestão dos ingredientes dos alimentos para animais, como os hidratos de carbono, as gorduras e as proteínas, tornando os bovinos mais saudáveis, mantendo o sistema imunitário dos bovinos, o crescimento e a produtividade óptima, aumentando a eficiência alimentar, e a carcaça não tem sabor a peixe. O teor de óleo de astiri na curcuma também pode acelerar o esvaziamento gástrico (Sudarsono 1990).

O extrato de gengibre em frangos de carne misturado com água pode melhorar o trabalho dos órgãos digestivos, aumentar o apetite, tornando os animais mais saudáveis, otimizar o crescimento e a produtividade, reduzindo um odor pungente na gaiola, mantendo o sistema imunitário dos animais, e pode melhorar a eficiência alimentar (Sudarsono 1996). Por isso, os autores têm o desejo de fazer o desenvolvimento e a investigação do gengibre em pó e da curcuma em pó, mas administrados a codornizes com parâmetros que observem o desempenho produtivo.

1.2 Objectivos

O objetivo deste estudo foi determinar o efeito dos aditivos alimentares sob a forma de gengibre e curcuma em pó no desempenho das codornizes na fase inicial até à criação.

1.3 Hipótese de investigação

A adição de gengibre e curcuma em pó à alimentação das codornizes pode aumentar o consumo de ração e o ganho de peso corporal, reduzir a eficiência da conversão alimentar e diminuir a mortalidade e a exaustão.

1.4 Investigação de benefícios

Os benefícios da investigação são esperados, uma vez que o aditivo alimentar pode atuar como um *fitobiótico* que melhorará o desempenho da produção de codornizes. Além disso, dado o aditivo alimentar, espera-se que seja um alimento adicional útil para os agricultores, de modo a que estes possam utilizar as rações com aditivo alimentar a um preço suficientemente acessível, mas obtendo o máximo de resultados.

CAPÍTULO 2 LITERATURA

2.1 Codorniz

As aves de capoeira são uma fonte de proteínas animais que a população da Indonésia escolheu por serem relativamente baratas em comparação com a carne de ruminantes como o gado bovino, o búfalo ou a cabra. A codorniz (Coturnix Coturnix japonicaL.) é uma fonte de proteínas animais porque fornece carne e ovos com um valor nutritivo suficiente. Com um tamanho corporal mais pequeno, a codorniz é única, ou seja, tem um crescimento rápido, maturidade sexual precoce, a produção de ovos é elevada, o intervalo entre gerações é curto e o período de incubação é relativamente rápido (Susilorini 2007).

Existem muitas codornizes selvagens no mundo. No entanto, há uma espécie de codorniz a que os especialistas prestam mais atenção: a codorniz Coturnix Coturnix japonica foi domesticada no Japão na década de 1980. De acordo com Pappas (2002), a codorniz Coturnix Coturnix japonica tem as seguintes classificações

Reino :*Animalia*

Estirpe : *Chordata*

Classe : *Aves*

Ordem : *Gallivormes*

Subordem : *Phasianoidea*

Família : *Phasianidae*

Subfamílias :*Phasianinae*

Género : *Coturnix*

Espécie : *Koturnix Coturnix japonica*

De acordo com Nugroho e Mayun (1986), a qualidade dos ovos e da carne e a possibilidade de servir pratos deliciosos estão a tornar esta codorniz cada vez mais popular. Entre outras vantagens, a codorniz pode também ser utilizada como animal de investigação.

2.1.1 Rações de consumo codorniz

As codornizes passam por várias fases na fase de manutenção. O teor de proteínas da ração varia em cada um destes períodos. No período de arranque o teor de proteína bruta é de pelo menos 24% e a energia termetabolis 2900 Kcal / kg. No período reprodutor de pelo menos 20% de proteína bruta e energia termetabolis 2700 Kcal / kg. No período de camada mínima de 22% de proteína bruta e energia termetabolis 2900 Kcal / kg (ISO 1995).

De acordo com North e Bell (1990), as rações das aves de capoeira são necessárias para as quatro áreas da vida: manutenção do corpo, crescimento, crescimento do pelo e produção de ovos. Existem dois grupos de factores que afectam o consumo de rações das aves de capoeira: o teor energético da ração e a temperatura do ambiente, que é um fator de influência dominante. As aves de estirpe, o peso corporal, o peso diário dos ovos, o crescimento do pelo, o grau de stress e a atividade das aves constituem um grupo de factores de influência reduzida.

Os factores que afectam o consumo de ração incluem o tamanho do corpo do animal, o peso, a temperatura ambiente, a fase de produção e o estado energético da ração. O consumo de ração das codornizes com a idade de 31-51 dias é de 17,5 g/cabeça/dia, depois com a idade de 51-100 dias aumenta para 22,1 g/cabeça/dia e, segundo Tiwari e Panda (1978), não aumenta depois de atingida a idade de 100 dias. Sedangkat considera que o nível de consumo é determinado pelo nível de energia das codornizes e das palabilitas de codorniz que se alimentam. De acordo com a investigação de Sumbawati (1992), a taxa de consumo de ração das codornizes é igual a 109,69 a 135,59 g / cabeça / semana. De acordo com Kusumoastuti (1992), o consumo médio de ração das codornizes situa-se entre 127,12 e 165,15 g por cabeça e por semana.

O teor de proteínas em cada período é muito diferente nas codornizes, o teor mínimo de proteínas brutas no período de arranque é de 24%, enquanto o teor mínimo de proteínas brutas no período de reprodução é de 22% (ISO 1995).

2.1.2 Peso corporal (UN)

O crescimento é um dos processos que ocorrem na vida. Em termos simples, o processo de crescimento pode ser definido como o processo de aumento de massa, que é sempre seguido por um processo de desenvolvimento. O peso corporal é a acumulação do metabolismo. Os resultados do metabolismo são apoiados pela ingestão de muitas rações e pela utilização óptima das mesmas. A eficiência da utilização de energia é determinada por factores como a disponibilidade de alimentos, factores genéticos e hormonais que influenciam as necessidades energéticas (Djulardi et al. 2006).

De acordo com Wiwit et al. (2014), a hormona do crescimento nas codornizes teria aumentado significativamente a partir dos 7 dias de idade, continuando a aumentar até aos 28 dias, mas aos 35 dias de idade não teria aumentado os níveis de hormona do crescimento. Os níveis elevados de hormona do crescimento são causados pela idade em que as aves se encontram na fase de crescimento. Os níveis destas hormonas encontram-se em condições óptimas nesta fase, permitindo que as codornizes aumentem o seu desempenho e que os órgãos do corpo das codornizes funcionem corretamente.

2.1.3 Ração de conversão codorniz

Segundo Ensminger (1992), a conversão alimentar é o rácio entre a quantidade de ração consumida (gramas) e a produção de ovos (gramas) ou o ganho de peso corporal (gramas). A conversão alimentar é utilizada para medir a eficiência, em que um número mais baixo significa que a eficiência da conversão alimentar é mais elevada e vice-versa. A conversão alimentar é influenciada por vários factores, como a etnia, a gestão das doenças e a ração utilizada.

Os estudos efectuados por Yuliesynoor (1985) mostraram que o rácio de conversão alimentar das codornizes se situava entre 3,41 e 5,19, valor ligeiramente superior aos resultados obtidos por Sumbawati (1992). Este valor era ligeiramente mais elevado do que os resultados dos estudos efectuados por Sumbawati (1992), que variavam entre 3,00 e 3,61. Entretanto, de acordo com Mufti (1997), o rácio médio de conversão alimentar das codornizes é de 4,30, com uma variação de 4,03 a 4,73.

2.1.4 Mortalidade

A percentagem de mortalidade cumulativa das codornizes aumentou linearmente até às 100 semanas de idade e deslocar-se-á horizontalmente. As codornizes fêmeas morrem mais cedo do que os machos, que são criados principalmente para a pecuária. (Woodard et al. 1973) As codornizes machos tendem a viver mais tempo do que as codornizes fêmeas. Alguns dos factores que causam a morte das aves são a gestão da manutenção, o racionamento, a higiene, a temperatura, a humidade e as sementes (Rasyaf 1991).

Nas codornizes, a mortalidade ou morte devido a cuidados inadequados e doenças não deve exceder 1,4% da população num mês. Se o número de mortes de codornizes exceder o limiar, há algo de errado com a gestão da exploração (Wuryadi 2014).

2.1.5 Exaustão

O esgotamento da população ou a diminuição do número de animais é o facto de os bovinos terem sido retirados da população para manutenção, reduzindo os bovinos devido a duas coisas: Morte ou rejeição. Além disso, a sexagem dos bovinos pode ser considerada como um grau de depauperação, uma vez que afectaria a população bovina existente. A determinação do sexo é uma medida específica para determinar o sexo. A determinação do sexo é particularmente essencial para as aves de capoeira criadas para a produção de ovos de mesa. Isto deve-se ao facto de a proporção de machos na população influenciar fortemente a futura produção de ovos (Riswantiyah et al. 1999).

2.2 Potencial das ervas Zingiberaceae

As ervas podem ser utilizadas como alternativa à utilização de antibióticos (fitobióticos) na criação de animais. As ervas que podem potencialmente servir como fitobióticos são um grupo de plantas como o gengibre (Zingiber officinale) e a curcuma (Curcuma domestica). A família do gengibre (Zingiberaceae) é um grupo de plantas que se sabe terem sido utilizadas. É útil não só como planta medicinal, mas também como fonte de óleos essenciais de panghasil, plantas industriais e ingredientes de especiarias. Duas das suas espécies são já comercializadas publicamente e cultivadas: o gengibre e a curcuma. Segue-se uma explicação sobre as duas plantas (Soeharso et al 2010).

2.2.1 Gengibre vegetal (Zingiber officinalis Rose.)

De acordo com Paimin (2008), o gengibre (Zingiber officinale Rosc.) é uma especiaria indonésia muito utilizada na vida quotidiana, especialmente no domínio da saúde. O gengibre é uma planta medicinal sob a forma de touceiras quase caulinares e está incluído na reunião de determinação de taxas (Zingiberaceae). O gengibre é originário da região Ásia-Pacífico, que se estende da Índia à China.

Com base na forma, cor e tamanho do rizoma, são conhecidos três tipos de gengibre, nomeadamente o gengibre branco grande / gengibre rinoceronte, o gengibre branco pequeno CVD e o gengibre vermelho ou gengibre sunti. O gengibre tem muitos benefícios, nomeadamente como ervas, óleos essenciais, concentrados de sabor ou como medicamento (Bartley e Jacobs 2000). Em geral, o gengibre contém amido, óleos essenciais, fibras, pequenas quantidades de proteínas, vitaminas, minerais e enzimas chamadas zingibain proteolíticas (Denyer et al 1994).

Eze e Agbo (2011) afirmam que o gengibre seco tem um teor de água de até 712 % e pequenas quantidades de proteína, fibra e gordura de até 7 %. O sabor do gengibre depende fortemente do teor de óleo essencial (1-3 %) (Ali et al. 2008). A variação dos componentes químicos no óleo essencial de gengibre não foi afetada pela espécie ou pela sua variedade, pelas condições agroclimáticas (clima, estação, ambiente geográfico), pela taxa de envelhecimento, pela adaptação dos metabolitos das plantas, pelas condições de destilação e pelas porções analisadas (Abd El Baky e El Baroty 2008; Singh et al, 2008).

O óleo de gengibre Astiri pode estimular o trato digestivo, tornando a ração mais fácil de digerir. Se a ração for facilmente digerível, o conteúdo de nutrientes da ração é bem absorvido pela codorniz, de modo que o desempenho da codorniz pode ser melhorado (Setyanto 2012).

2.2.2 Plantas Açafrão-da-terra (Curcuma democtica Val.)

A curcuma é uma planta medicinal em forma de arbusto e é uma planta anual (perene) que é comum nos trópicos. A planta da curcuma cresce de forma selvagem à volta da selva exuberante e do antigo jardim.

A curcuma é uma das ervas que pode atuar como um antibiótico natural sem efeitos secundários, o gado estará muito seguro quando receber antibióticos como a curcuma. A curcumóide e os óleos essenciais são os ingredientes activos contidos na curcuma, os ingredientes activos são utilizados para aumentar o apetite dos animais. Se o animal tiver um bom apetite, isso irá certamente ajudar o gado a ganhar peso. Os óleos essenciais contidos na curcuma podem desempenhar um papel no aumento da secreção biliar (Atma Jaya et al. 2014).

Os resultados da investigação LIPI Bandung (1996), citados por Jarwati (1998), revelaram que, em geral, a curcuma em pó contém 14,57% de água, 8,39% de proteínas, 2,84% de gordura, 10,85% de fibra bruta, 8,32% de cinzas e 54,96% de hidratos de carbono. Com base na afirmação anterior, foi efectuado um estudo para determinar o efeito da curcuma no desempenho das codornizes tratadas.

CAPÍTULO 3 MATERIAIS E MÉTODOS

3.1 Tempo e local da investigação

O ensaio "Performance Period Quail Starter - Commercial Forage Grower Marked with the Addition of Ginger and Turmeric" foi realizado durante 33 dias, de 26 de janeiro a 28 de fevereiro de 2017, na empresa Quail Breeding and Cultivation of CV SQF (Slamet Quail Farm) em Jl Raya Pelabuhan II KM 19 Cikembar Sukabumi, West Java.

3.2 Investigação de materiais

3.2.1 Ferramenta

Os instrumentos utilizados nesta investigação foram a gaiola, gaiola de codorniz de estudo especial, constituída por 20 unidades com uma dimensão por unidade de 40 cm x 60 cm x 33 cm com capacidade para 30 indivíduos.

A alimentação utilizada consiste em tabuleiros de plástico com 26 cm x 20 cm, bebedouros, placas de contraplacado que servem de base e coberturas de alimentação em arame.

A gaiola está também equipada com uma balança digital com uma capacidade máxima de 5 kg, que serve para pesar rações e codornizes, uma lâmpada de 15 watts que serve também de iluminação, bem como aquecedores para codornizes, berlindes, peneiras, plásticos, sacos, colheres, etiquetas e artigos de papelaria.

3.2.2 Material

Materiais utilizados neste estudo: codornizes de qualidade local de estirpe japonesa (Coturnix Coturnix japonica) com 2 dias de idade e 240 caudas com um peso médio de ± 9 gramas por cauda.

O puré de ração comercial utilizado é moldado pelo tipo BR-1 para um período de arranque e SP-2 para o período de produção do produtor PT Sinta Prima Feedmill, água, gengibre em pó e curcuma em pó produzidos comercialmente sob a marca house rudang pela PT Rudang Cipta Persada.

3.2.2. 1Rações nutricionais

No estudo, as rações BR-1, para o período de arranque, e SP-2, para o período de produção de crescimento da PT. Sinta Prima Feedmill. As rações têm os seguintes valores nutricionais:

Nutritional composition	Content (%)
Water content	12
Crude protein	21-23
Crude fat	4-8
Crude fiber	4
Ash	6.5
Calcium	0.9 to 1.1
Phosphor	0.7 to 0.9

Table 1. Rações nutricionais BR-1

Fonte: *PT. Shinta Prima Feedmil **(2017).***

Table 2. Rações nutritivas SP-2

Nutritional composition	Content (%)
Water content	12
Crude protein	20-22
Crude fat	7
Crude fiber	7
Ash	14
Calcium	3.2 to 4.0
Phosphor	0.6 to 1.0

Fonte: *PT. Prima Feedmil Shinta (2017).*

3.3 Métodos de investigação

Agustiana (1996) afirma que o uso de cúrcuma em pó em rações de aves de cerca de 0,6% não poderia fazer uma diferença real no consumo de ração, ganho de peso corporal e conversão alimentar. De acordo com Dyah. et al. (2014), a adição de extrato de cúrcuma e gengibre de mais de 0,8% pode melhorar o desempenho e a produtividade da carne. Com base na revista, a adição de tratamento realizado tanto quanto 1% da quantidade de ração dada, os números foram retirados da pesquisa que foi feita anteriormente. O desenho da investigação utilizado neste estudo é um desenho completamente aleatório (CRD) com quatro tratamentos e quatro réplicas. Os tratamentos utilizados neste estudo são os seguintes:

P0: Controlo da alimentação sem a adição de gengibre e curcuma em pó.

P1: Adição de 1% de gengibre em pó a um alimento comercialmente disponível.

P2: 1% de adição de curcuma em pó a alimentos comercialmente disponíveis.

P3: Adição de 0,5% e 0,5% de gengibre em pó e curcuma em pó.

Neste estudo, a gaiola tem 16 unidades de um total de 20 unidades, sendo que cada unidade tem 15 codornizes de cauda assexuada de base, que começam aos 2 dias de idade. No período inicial de criação de codornizes, os criadores fazem a determinação do sexo. As codornizes fêmeas foram retidas para posterior observação do desempenho da produção. Enquanto as codornizes machos foram transferidas para outra gaiola sem observação. Aqui está o layout da unidade experimental período inicial para o período de criador na pesquisa realizada.

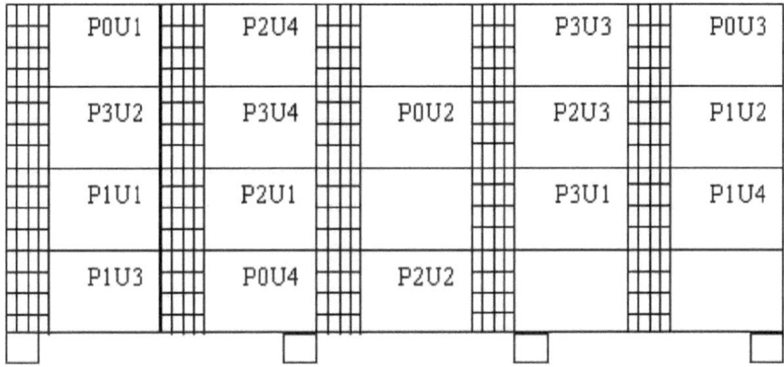

Fig. 1 Estrutura da unidade experimental

3.4 Procedimento de investigação

3.4.1 Preparação e criação de gado Coop

A limpeza é um fator de sucesso no cultivo de codornizes. Antes de efetuar a investigação, procede-se à preparação dos animais utilizados, limpando as gaiolas e as jaulas das codornizes. A gaiola e a jaula são limpas com sabão ditergen, depois de secas durante dois dias.

Durante o período de secagem da gaiola, é feita a preparação dos utensílios para que a manutenção das codornizes possa ser feita de forma optimizada. A preparação dos utensílios inclui a lavagem dos bebedouros e comedouros das codornizes, o corte da placa de contraplacado como placa da gaiola, o corte do arame como fecho do comedouro, o fecho da parede da gaiola e a verificação do quadro elétrico e da gaiola.

Depois de as gaiolas estarem secas e prontas para serem utilizadas, as codornizes foram colocadas em cada unidade de acordo com o tratamento e os desenhos foram utilizados durante o período de estudo.

3.4.2 Fornecimento de catering

Este estudo utilizou uma ração comercial de puré moldado misturado com o aditivo alimentar sob a forma de gengibre em pó e curcuma em pó. Uma ração baseada nas necessidades de cada período, o período de arranque tanto quanto 6-15 gramas / cabeça / dia gradualmente, e o período de reprodução tanto quanto 20 gramas / cabeça / dia. Um procedimento de ração é efectuado calculando cada necessidade de ração por unidade e misturado com o aditivo alimentar em cada tratamento.

A ração mista é dada colocando uma ração comercial e um aditivo alimentar no plástico e depois mexendo para que a ração seja distribuída uniformemente. A ração direta dada a cada unidade no tratamento é adlibitum tanto quanto uma vez por dia, ou seja, de manhã.

3.4.3 Pesagem das codornizes

Neste estudo, a pesagem das codornizes é efectuada semanalmente, com recurso a balanças digitais. O número de codornizes de amostra pesadas em cada unidade é de 20% ou 3 animais por unidade da quantidade total de cada unidade, até 15 indivíduos. Os dados obtidos foram introduzidos diretamente no quadro da investigação e calculada a média para obter o valor do ganho de peso por unidade.

3.5 Variáveis observadas

3.5.1 Rações de consumo

O consumo de ração é a quantidade de ração consumida pelas codornizes durante o período de manutenção. As rações consumidas foram pesadas semanalmente e podem ser calculadas do seguinte modo

Rações de consumo (g) = Σ rações dadas - Σ rações restantes

3.5.2 Peso corporal (UN)

O ganho de peso de Badandidapat, resultante da redução da quantidade de peso corporal durante uma semana com o peso corporal original da codorniz, é medido da seguinte forma:

UN (g) = peso corporal final - peso corporal inicial.

3.5.3 Mudança de rações

Conversão ransummerupakan resultado da ração consumida dividida pelo crescimento do peso corporal durante uma semana e pode ser calculada da seguinte forma:

$$\text{Conversão das rações} = \frac{\text{rações consumidas}}{\text{O crescimento do peso corporal}}$$

3.5.4 Mortalidade

A taxa de mortalidade obtida dividindo o número de codornizes que morrem prematuramente durante a criação pelo número de codornizes pode ser calculada do seguinte modo

$$\text{Mortalidade} = \frac{\Sigma\ \text{Codornizes mortas}}{\Sigma\ \text{Codorniz precoce}} \times 100\%$$

CAPÍTULO 4 RESULTADOS E DISCUSSÃO

4.1 Período de arranque

As codornizes em fase de arranque neste período de idade foram mantidas 2-21 dias e mantidas assexuadas. Cada unidade recebe o mesmo tratamento para o desempenho da produção observado durante o período de estudo, as seguintes observações desempenho da produção de codornas período inicial mostrado no quadro abaixo:

Treatment	Consumption Rations (g)	Added Body Weight (g)	conversion Rations
P0	2413.50 ± 135.82	303.73 ± 13.11	7.94 ± 0.60
P1	2428.75 ± 27.89	305.14 ± 20.18	7.95 ± 0.93
P2	2263 ± 139.67	289.77 ± 12.03	7.80 ± 0.65
P3	2361.94 ± 170.28	320 ± 24.52	7.38 ± 1.39

Quadro 3: Desempenho total do período de arranque das codornizes

Descrição: P0 = ração comercial sem aditivo (controlo), P1 = ração comercial + 1% de gengibre em pó, P2 = + 1% de açafrão em pó da ração comercial, P3 = ração comercial + 0,5% + 0,5% de gengibre em pó de açafrão em pó.

O quadro acima mostra que, durante o período de arranque, o consumo de ração, as Nações Unidas, bem como a conversão alimentar não foram significativamente diferentes. O período de observação do arranque pode ser visto nos resultados abaixo:

4.1.1 Rações de consumo

O valor total do consumo médio de ração na pesquisa realizada foi de 8,69 gramas/cabeça/dia. O nível de consumo é mais elevado no tratamento um (P1) e o mais baixo no tratamento três (P3). Os valores do consumo de ração das codornizes durante o estudo são apresentados no Quadro 4.

Quadro 4: Consumo de rações para codornizes na fase inicial (gramas /

Consumption (G / e / day)	Treatment				Mean	Value
	P0	P1	P2	P3		
Week 1	5.71 ± 0.29	5.65 ± 0.40	5.55 ± 0.21	5.14 ± 0.31	5.51 ± 0.36	0.10
Week 2	8.30 ± 0.28	8.60 ± 0.77	8.29 ± 0.65	8.26 ± 0.34	8.36 ± 0.51	0.81
Week 3	11.73 ± 0.89	13.02 ± 0.91	11.83 ± 0.49	12.17 ± 0.57	12.19 ± 0.84	0.11
Average	8.58 ± 0.30	9.09 ± 0.65	8.56 ± 0.36	8.53 ± 0.10	8.69 ± 0.43	

cabeça / dia)
Descrição: P0 = ração comercial sem aditivo (controlo), P1 = ração comercial + 1% de gengibre em pó, P2 = + 1% de açafrão em pó da ração comercial, P3 = ração comercial + 0,5% + 0,5% de gengibre em pó de açafrão em pó.

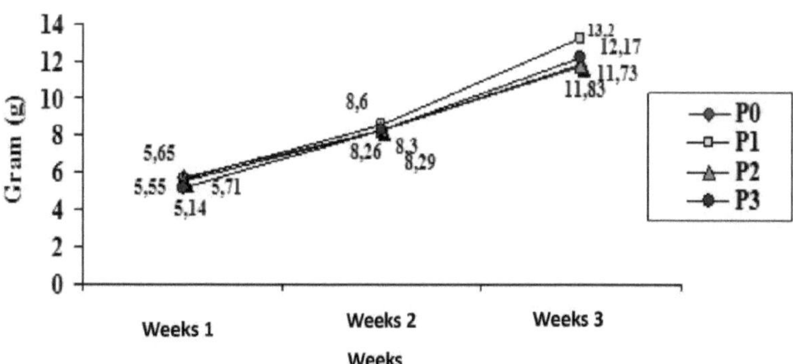

Fig. 2 Diagrama de consumo ração período codorniz starter

Os resultados da análise de variância mostraram que a administração de gengibre em pó e açafrão-da-terra em pó na ração comercial não foi significativamente diferente (P> 0,05). O consumo de ração não foi significativamente diferente, uma vez que a percentagem dada a cada tratamento não teve efeito sobre o conteúdo da ração. As rações analisadas eram da mesma qualidade que as rações comerciais. O ingrediente ativo zingerol e a curcumina presentes no gengibre e na curcuma, de acordo com a investigação realizada, devem ajudar a melhorar o consumo de ração. A investigação concluiu que o ingrediente ativo não afectou o nível de consumo de ração no período de arranque das codornizes, com um aumento percentual de 1%. O consumo de ração alto e baixo é influenciado pelo equilíbrio ou rácio entre a PK e a EM (Energia Metabólica), conforme adequado, se a ração contiver EM demasiado elevada, o consumo de ração diminuirá e as codornizes deixarão de consumir a ração depois de as codornizes EM serem auto-suficientes (Rasyaf 2000).

4.1.2 Peso corporal (UN)

O aumento de peso é um dos critérios utilizados para medir o crescimento. O ganho de peso é um reflexo da taxa de crescimento de uma codorniz (Tillman 1998). Os valores relativos ao aumento de peso durante o período inicial de 3 semanas são apresentados nos quadros 5 e 6.

Quadro 5: Ganho de peso corporal inicial (g / cabeça / dia)

United Nations (G / c / day)	Treatment				Mean	value P
	P0	P1	P2	P3		
Week 1	3.60 ± 0.53	3.30 ± 0.98	3.53 ± 0.94	3.40 ± 0.78	3.46 ± 0.75	0.95
Week 2	3.26 ± 0.79	3.58 ± 0.63	3.12 ± 0.67	3.64 ± 0.34	3.40 ± 0.61	0.61
Week 3	5.00 ± 0.99	4.95 ± 0.72	4.70 ± 0.35	5.36 ± 0.66	5.00 ± 0.69	0.64
Average	3.96 ± 0.24	3.94 ± 0.33	3.78 ± 0.26	4.14 ± 0.26	3.95 ± 0.28	

Descrição: P0 = ração comercial sem aditivo (controlo), P1 = ração comercial + 1% de gengibre em pó, P2 = + 1% de açafrão em pó da ração comercial, P3 = ração comercial + 0,5% + 0,5% de gengibre em pó de açafrão em pó.

Siregar (2012) afirma que a taxa de crescimento do peso corporal das codornizes é determinada através da pesagem semanal do peso corporal das codornizes. Aqui estão os dados de crescimento do peso inicial e do peso final e o crescimento do peso corporal total da codorniz durante o *período* apresentado no Quadro 6.

Quadro 6. Peso corporal no final do período codorniz de arranque

Treatment	Starter period		Growth Total Body Weight (G)
	Initial weights (G)	End weights (G)	
P0	9.15 ± 0.17	85.07 ± 4.14	75.92
P1	9.05 ± 0.33	84.83 ± 5.87	75.78
P2	8.72 ± 0.34	81.16 ± 3.79	72.44
P3	9.22 ± 0.74	87.08 ± 2.29	77.86

Descrição: P0 = ração comercial sem aditivo (controlo), P1 = ração comercial + 1% de gengibre em pó, P2 = + 1% de açafrão em pó da ração comercial, P3 = ração comercial + 0,5% + 0,5% de gengibre em pó de açafrão em pó,

A taxa de crescimento do peso das codornizes é determinada por repetição e expressa em peso corporal diário. O ganho de peso também se baseia no ganho de peso por unidade de tempo, expresso como ganho de peso médio por dia, ou uma taxa de crescimento média. A taxa de crescimento do peso corporal pode ser representada num gráfico para ver claramente o aumento com cada tratamento por semana. O gráfico seguinte mostra o período inicial de ganho de peso das codornizes, que pode ser visto na Figura 3.

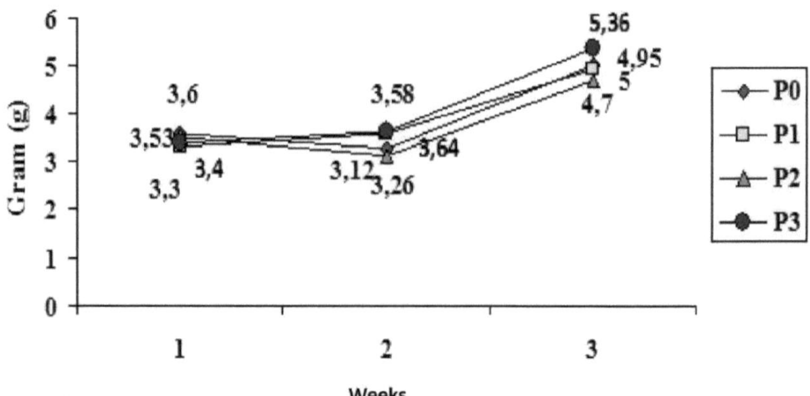

Fig. 3. tabela adicionada período inicial peso corporal da codorniz

O ganho de peso corporal das codornizes é definido como o ganho de peso corporal em cada semana e o aumento vai desde o início da eclosão das codornizes (DOQ) até à idade de codorniz adulta, após o que as codornizes diminuem a taxa de crescimento (Hafez e Dyer 1969).

Com base no gráfico acima apresentado, o ganho de peso corporal das codornizes objeto de investigação aumentou sempre todas as semanas. Os resultados da variância mostraram que cada tratamento não tem efeito no ganho de peso corporal ou não é significativamente diferente (P>0,05). A taxa média de ganho de peso durante a fase inicial foi de 3,95 gramas / cabeça / dia. Este valor foi mais elevado em comparação com os resultados da investigação efectuada por Djailani (2015), que afirma que o ganho médio de peso corporal das codornizes é de 2,12 g por cabeça e por dia. O ganho de peso das codornizes aumentará aos 14 dias de idade e continuará a aumentar até aos 35 dias de idade (Rahayuningtyas et al. 2014). O fornecimento de gengibre em pó e de curcuma em pó na investigação realizada não tem qualquer efeito sobre o ganho de peso corporal no período inicial das codornizes. É causada pelo teor energético, bem como pelo PK na ração, que afecta o nível de consumo de ração das codornizes. Afecta o ganho de peso das codornizes todas as semanas. Siregar (2012) afirma que a preparação das rações deve sempre atender às normas e ao período do próprio animal. A falta de proteína e energia na ração leva a uma diminuição do peso corporal em decorrência da absorção dos nutrientes pelo organismo do animal. A energia da ração, bem como as proteínas que não se adequam, irão certamente afetar a diminuição do peso corporal e a maturidade sexual (Siyadati et al., 2011).

4.1.1 Mudança de rações

A utilização dos alimentos para animais é o rácio entre a quantidade de alimentos consumidos e a produção resultante (ovos ou ganho de peso). Todos os criadores de gado que criam aves de capoeira devem conhecer em particular a eficiência das rações, a eficiência da utilização dos alimentos didapatkkan. Quanto mais baixa for a taxa de conversão alimentar, mais elevada é a eficiência da conversão alimentar e vice-versa (Ensminger 1992).

A partir da observação durante o período de arranque, encontrámos o número médio de conversão alimentar para cada tratamento. Este número variou entre 2,05 e 2,33. E o número total de conversão alimentar durante o período de arranque do estudo é de 2,23. Eis os dados de conversão da ração de arranque das codornizes para períodos de três semanas apresentados no Quadro 7.

Quadro 7: Estações de arranque de codornizes no período de conversão

Conversion	Treatment				Mean	value P
	P0	P1	P2	P3		
Week 1	1.61 ± 0.24	1.84 ± 0.61	1.66 ± 0.47	1.58 ± 0.44	1.67 ± 0.42	0.86
Week 2	2.65 ± 0.61	2.47 ± 0.58	2.77 ± 0.73	2.28 ± 0.25	2,54 ± 0.54	0.65
Week 3	2.41 ± 0.54	2.67 ± 0.45	2.52 ± 0.21	2.29 ± 0.26	2.47 ± 0.38	0.57
Average	2.23 ± 0.10	2.33 ± 0.09	2,32 ± 0.20	2.05 ± 1.35	2.23 ± 0.17	

Descrição: P0 = ração comercial sem aditivo (controlo), P1 = ração comercial + 1% de gengibre em pó, P2 = + 1% de açafrão em pó da ração comercial, P3 = ração comercial + 0,5% + 0,5% de gengibre em pó de açafrão em pó.

Com base nos resultados da análise de variância, o efeito do tratamento na utilização da ração não foi significativamente diferente (P> 0,05). Isto mostra que a administração de 1% de gengibre em pó, 1% de curcuma em pó e a administração de 0,5% + 0,5% de gengibre em pó e curcuma em pó não tiveram qualquer efeito no rácio de conversão alimentar. A conversão alimentar aumentou com cada tratamento na segunda semana, e alguns tratamentos afectaram a conversão alimentar na terceira semana. O aumento e a diminuição da conversão alimentar também podem ser observados no gráfico abaixo:

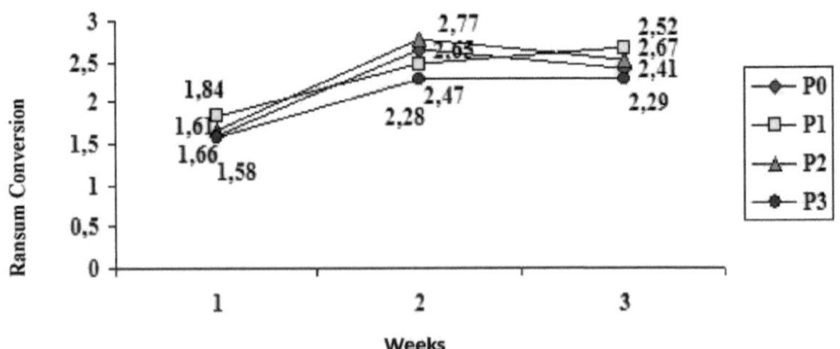

Fig. 4 Diagrama das estações de arranque de codornizes do período de conversão

O gráfico da Figura 4 mostra que o rácio de conversão alimentar se situou entre 1,58 e 2,67 durante o período de estudo. Este valor pode ser considerado bom quando comparado com os resultados de Hazim et al. (2010), que afirmam que a conversão alimentar das codornizes se situa entre 3,76 e 4,71. O valor também é muito bom quando comparado com os resultados do estudo realizado por Setiyantari (2003), que afirma que o rácio de conversão alimentar se situa entre 3,46 e 3,71. Em comparação com os resultados de Mardiansyah (2013), que afirma que o rácio médio de conversão alimentar das codornizes se situa entre 2,68 e 3,40, o valor também é inferior.

A partir da discussão acima, pode-se concluir que a eficiência de conversão alimentar da ração inicial é muito boa em comparação com alguns dos valores encontrados na literatura. Isso está de acordo com a afirmação de Pujiwati et al (2013) de que quanto menor a eficiência de conversão alimentar, maior a eficiência de conversão alimentar e vice-versa. De facto, o fornecimento de gengibre e curcuma em pó nas rações comerciais não afectou o rácio de conversão alimentar nos estudos realizados. A diminuição ou o aumento do valor obtido pelo consumo da ração de conversão alimentar nas codornizes de investigação, bem como o ganho de peso. O valor do consumo de ração e da UN no período inicial mostrou um aumento e uma diminuição.

A instabilidade destes valores afecta o rácio de conversão alimentar das codornizes. Na segunda semana, o ganho de peso corporal das codornizes tendeu a ser pequeno, pelo que os valores de conversão alimentar obtidos na semana foram elevados em comparação com a semana anterior. Na terceira semana, o ganho de peso corporal das codornizes voltou a aumentar e afectou os valores de conversão alimentar obtidos na semana. Na terceira semana, o rácio de conversão alimentar diminuiu em comparação com a semana anterior.

4.1.2 Mortalidade

As codornizes que morreram durante o estudo foram 22 do total de caudas utilizadas para a investigação, que foram 240. A morte é causada por vários factores, tais como codornizes que morrem mergulhadas num buraco de água potável, e codornizes que tendem a ser fracas, causando a morte e pisadas por outras codornizes. Segue-se uma tabela das taxas de mortalidade das codornizes durante o período de estudo:

Quadro 8: Mortalidade das codornizes na fase inicial (cauda)

Mortality (tail)	Treatment				Total
	P0	P1	P2	P3	
Week 1	2	3	4	2	11
Week 2	1	2	2	3	8
Week 3	0	2	1	0	3
Total	3 (5%)	7 (11.67%)	7 (11.67%)	5 (8.33%)	22 (9.16%)

Descrição: P0 = ração comercial sem aditivo (controlo), P1 = ração comercial + 1% de gengibre em pó, P2 = + 1% de açafrão em pó da ração comercial, P3 = ração comercial + 0,5% + 0,5% de gengibre em pó de açafrão em pó.

O quadro acima mostra que a taxa de mortalidade mais elevada ocorreu na primeira semana do tratamento 2 (1% de curcuma em pó). O número de codornizes mortas chegou a quatro caudas. As codornizes que morreram devido à morte salpicaram o local onde beberam, e as codornizes são frequentemente fracas, o que diminui a resistência do corpo, resultando na morte das codornizes. As seguintes taxas de mortalidade codorniz período de arranque, que pode ser visto na figura abaixo:

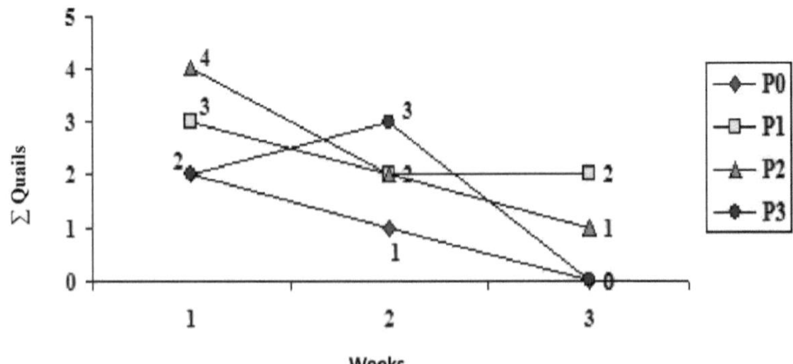

Fig. 5 Diagrama de mortalidade período inicial das codornizes

A codorniz é um ser vivo, a falha na gestão ou doença provoca a morte em codornizes é uma coisa natural. no entanto, a taxa de mortalidade de codornizes deve ser observado que a manutenção foi realizada sem perda (Wuryadi 2011). Número de codornas que morreram neste estudo quando dipersentasekan é 9,16%. O número é considerado muito bom porque, de acordo com Wuryadi (2011), a mortalidade mínima da população total foi de 40%.

4.1.3 Exaustão

No período *inicial,* a taxa de depleção de codornas tem um número igual ao da taxa de mortalidade no período. Isto deve-se ao facto de as codornizes terem sido retiradas da população quando a manutenção contínua de uma codorniz provocou a sua morte. Na primeira semana, o nível de depauperação obtido é tão elevado como 11 caudas e representa o pico de depauperação na fase inicial, tendo depois diminuído ainda mais porque o sistema imunitário está a melhorar as codornizes e a mortalidade na manutenção pode ser minimizada ao máximo. O nível de depleção no período de arranque das codornizes pode ser visto no quadro seguinte:

Quadro 9 Período de arranque das codornizes de esgotamento

Depletion (tail)	Treatment				Total
	P0	P1	P2	P3	
Week 1	2	3	4	2	11
Week 2	1	2	2	3	8
Week 3	0	2	1	0	3
Total	3	7	7	5	22

Descrição: P0 = ração comercial sem aditivo (controlo), P1 = ração comercial + 1% de gengibre em pó, P2 = + 1% de açafrão em pó da ração comercial, P3 = ração comercial + 0,5% + 0,5% de gengibre em pó de açafrão em pó,

A perda total de codornizes na fase inicial foi de 22 caudas ou 9,16% da população total, sendo que P1 e P2 apresentaram a maior taxa de perdas neste período de manutenção. A taxa de depleção na fase inicial das codornizes também pode ser observada no gráfico da Figura 6.

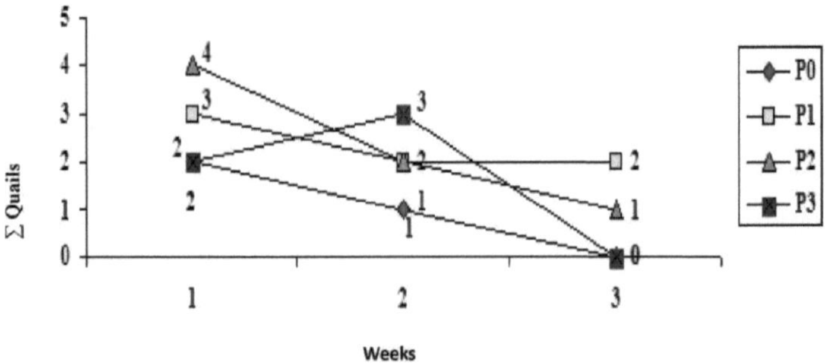

Fig. 6 Quadro de esgotamento período inicial das codornizes

4.2 Período Criador

Existem diferenças entre os criadores do período de manutenção. A sexagem foi efectuada nas codornizes do período anterior. As codornizes machos foram excluídas da população e apenas as codornizes fêmeas criadas foram observadas para o desempenho seguinte, tendo sido efectuadas as seguintes observações nas codornizes reprodutoras com a idade de 21-35 dias, que são apresentadas no quadro seguinte:

Quadro 10: Produção total dos criadores de codornizes Período

Treatment	Consumption Rations (g)	Added Body Weight (g)	conversion Rations
P0	1591.75 ± 231.65	174.34 ± 25.02	9.13 ± 3.84
P1	1700.25 ± 462.42	191 ± 24.39	8.9 ± 4.39
P2	1878.50 ± 628.92	175.66 ± 30.35	10.69 ± 6.05
P3	2057.00 ± 699.61	194 ± 26.42	10.60 ± 4.62

Descrição: P0 = ração comercial sem aditivo (controlo), P1 = ração comercial + 1% de gengibre em pó, P2 = + 1% de açafrão em pó da ração comercial, P3 = ração comercial + 0,5% + 0,5% de gengibre em pó de açafrão em pó. O quadro acima mostra que o período de criação, o consumo de ração, as Nações Unidas, bem como a conversão alimentar não foram significativamente diferentes. As observações do período de criação podem ser vistas nos resultados abaixo:

4.2.1 Rações de consumo

Os resultados da análise de variância mostraram que a adição de gengibre e açafrão-da-terra em pó às rações para a fase de criação não teve efeito sobre o consumo de ração ou não pôde ser considerada significativamente diferente (> 0,05). O consumo médio de ração na fase de criação foi de 17,48 gramas por cabeça e por dia. O consumo de ração das codornizes na fase de criação é apresentado no quadro seguinte:

Consumption (G / e / day)	Treatment				Mean	value P
	P0	P1	P2	P3		
Week 4	16.31 ± 0.09	17.80 ± 1.96	16.58 ± 0.97	16.58 ± 1.47	16.82 ± 1.32	0.41
Week 5	17.91 ± 1.18	18.78 ± 2,54	18.22 ± 1.82	17.70 ± 0.31	18.15 ± 1.56	0.81
Average	17.11 ± 0.62	18.29 ± 2.25	17.40 ± 1.39	17.14 ± 0.87	17.48 ± 1.37	

Quadro 11: Período de consumo de rações para fêmeas reprodutoras de codornizes (gramas/cabeça/dia)

Descrição: P0 = ração comercial sem adição (controle), P1 = ração comercial + 1% de farinha de gengibre, P2 = + 1% de ração comercial de cúrcuma em pó, P3 = ração comercial + 0,5% + 0,5% de gengibre em pó de cúrcuma em pó.O valor foi ligeiramente inferior em comparação com os resultados da pesquisa de Sudrajat et al. (2014), que afirma que o consumo de ração das codornas foi de 18,8 g/cabeça/dia. Comparado com os resultados de Listyowati et al. (2005), que afirma que o consumo de ração das codornizes é de 17-19 g/cabeça/dia. No entanto, de acordo com Zahra et al. (2012), o valor é considerado muito baixo, o consumo médio de ração para codornizes é de 21 g/capita/dia. Aumentar o valor do período de crescimento do consumo de ração das codornizes também pode pode ser visto na Figura 7.

Fig. 7 Diagrama do consumo de ração das codornizes fêmeas durante o período de criação

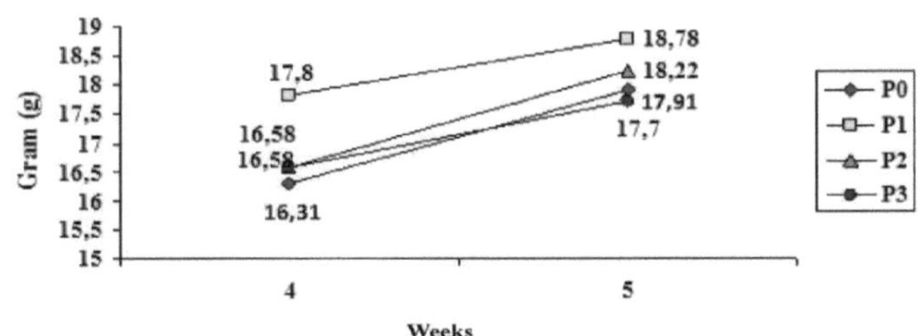

O fornecimento de gengibre em pó e de curcuma em pó não tem qualquer efeito sobre o valor do consumo de ração das codornizes no período de *reprodução*. Isto deve-se ao facto de o teor de EM e de proteína bruta utilizado na ração afetar grandemente a quantidade de consumo de ração das codornizes na investigação realizada. Os resultados do consumo de ração das codornizes de período de reprodução também são influenciados pela resposta das aves de capoeira alimentadas, as aves de capoeira têm duas respostas completas quando consomem rações, primeiro alimentadas com saturação física e química. Quando o estado de cache das codornizes é preenchido pela ração, é uma saciedade física consumida, e as codornizes reduzem a atividade alimentar, embora a ração esteja sempre disponível. Quando as codornizes estão cheias, consumidas quimicamente, o conteúdo da ração continua a ser pesquisado. A codorniz deixará de comer porque o teor energético é demasiado baixo, enquanto a necessidade de proteína bruta não é satisfeita. Este é um fator que deve ser tido em conta no futuro ao preparar rações para investigação. Segundo Rasyaf (2000), os alimentos consumidos pelos animais servem para o crescimento e a regeneração das células danificadas. Além disso, a ração tem um alto teor energético, fazendo com que o consumo de rações para aves seja menor quando comparado com dietas que têm um baixo teor energético.

4.2.2 Peso corporal (UN)

A mudança é uma das coisas que têm a ver com o peso corporal, o ganho de peso corporal é um parâmetro de medição para um processo de crescimento. Processo essencial na produção caracterizado pelo ganho de peso é um aspeto positivo do crescimento dos animais. Aqui estão as observações do ganho de peso corporal das codornas fêmeas no período reprodutivo, que podem ser vistas na Tabela 12.

Quadro 12: Peso corporal das fêmeas de codorniz reprodutora, período de criação (gramas/cabeça/dia)

United Nations (G / e / day)	Treatment				Mean	value P
	P0	P1	P2	P3		
Week 4	2,68 ± 0.75	3.46 ± 0.97	3.55 ± 0.89	3.52 ± 0.28	3.30 ± 0.78	0.36
Week 5	3.55 ± 0.99	3.35 ± 1.16	2,71 ± 0.58	3.40 ± 0.54	3.25 ± 0.84	0.55
Average	3.11 ± 0.75	3.41 ± 0.31	3.13 ± 0.72	3.46 ± 0.19	3.28 ± 0.52	

Descrição: P0 = ração comercial sem aditivo (controlo), P1 = ração comercial + 1% de gengibre em pó, P2 = + 1% de açafrão em pó da ração comercial, P3 = ração comercial + 0,5% + 0,5% de gengibre em pó de açafrão em pó.

Os resultados da análise de variância acima é o resultado da sexagem de codornas no período anterior, os dados são os dados de codornas fêmeas com idade entre 22-35 dias. A análise de variância mostrou que a adição de gengibre em pó e açafrão em pó não afectou o ganho de peso corporal dos reprodutores no período ou não foi significativamente diferente (P> 0,05). O valor médio do peso corporal total é de 3,28 gramas / cabeça / dia. Esta é uma diferença em relação ao período de arranque. No período de tratamento P2 tem o valor médio mais baixo, enquanto o valor mais alto tem em comum, nomeadamente o tratamento P3.

Os resultados da análise de variância, que apresentaram semelhanças com os resultados da análise de variância durante o período de arranque, mostraram que a administração de gengibre e curcuma em pó nas rações comerciais no período de reprodução não teve efeito no ganho de peso corporal. Tal deve-se ao facto de o nível de consumo de ração no período de reprodução não ser estável, pelo que um menor consumo de ração afectará certamente o ganho de peso corporal. O seguinte ganho de peso corporal total no período de reprodução das codornizes, que pode ser visto no Quadro 13.

Quadro 13. Pesos no final do período das fêmeas criadoras de codornizes

Treatment	Grower period		Total Body Weight (G)
	Initial weights (G)	End weights (G)	
P0	85.07 ± 4.14	128.67 ± 13.09	43.6
P1	84.83 ± 5.87	132.58 ± 9.31	47.75
P2	81.16 ± 3.79	125.08 ± 7.32	43.92
P3	87.08 ± 2.29	137.83 ± 3.01	50.75

Descrição: P0 = ração comercial sem aditivo (controlo), P1 = ração comercial + 1% de gengibre em pó, P2 = + 1% de açafrão em pó da ração comercial, P3 = ração comercial + 0,5% + 0,5% de gengibre em pó de açafrão em pó.

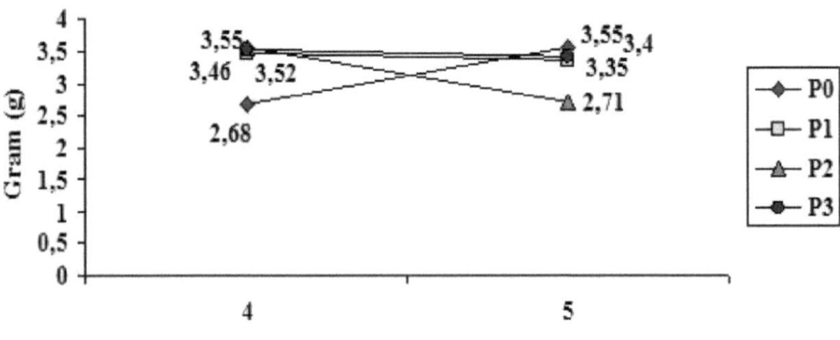

Fig. 8. Peso corporal das fêmeas de codorniz de mesa adicionadas durante o período de criação

Com base na tabela acima, o maior ganho de peso corporal obtido pelo P3 (adição de 0,5% + 0,5% de gengibre em pó de cúrcuma em pó). O valor da média de ganho de peso corporal dos reprodutores de maior período comparado com os resultados da pesquisa realizada por Widodo (2013), que afirma que o crescimento médio de 2,93 gramas pesa que codorna / cabeça / dia. De acordo com Mahfouz (2006) o aumento da ONU diária é causado pelo aumento da digestibilidade da proteína, que facilita o metabolismo da proteína durante o período de crescimento. Se as rações forem de boa qualidade, a UN produzida será maior e vice-versa. O gráfico seguinte mostra o aumento do ganho de peso corporal durante o período de crescimento: 8.

O gráfico apresentado na Figura 8 mostra que o ganho de peso corporal das codornizes *em* cada tratamento não aumentou, P0 e P1 aumentaram o ganho de peso corporal, enquanto P2 e P3 diminuíram o ganho de peso corporal. A diminuição foi causada por um baixo nível de ingestão de ração no tratamento, de modo que a influência sobre o ganho de peso corporal codorna. Siregar (2012) afirma que o consumo de ração desempenha um papel importante no crescimento. O consumo de proteína e energia contidos na ração consumida resultará na taxa de crescimento, o impacto nutricional seria maior se o tratamento for iniciado no início do período de crescimento.

4.2.3 Mudança de rações

A utilização dos alimentos para animais pode ser descrita como o número de rações utilizadas para gerar valores de produção, quer se trate de ganho de peso ou de produção de ovos. Quanto mais baixo for o valor de conversão alimentar, melhor é o alimento ou o animal e vice-versa. Foram efectuadas as seguintes observações valor de conversão alimentar no período de criação de 22-35 dias de idade:

Quadro 14: Período de transição para rações para codornizes reprodutoras fêmeas

Conversion	Treatment				Mean	value P
	P0	P1	P2	P3		
Week 4	6.45 ± 1.71	5.50 ± 1.78	4.89 ± 1.28	4.73 ± 0.58	5.39 ± 1.45	0.35
Week 5	5.32 ± 1.30	6.24 ± 2.55	7,05 ± 2.16	5.28 ± 0.75	5.97 ± 1.80	0.49
Average	5.88 ± 1.22	5.88 ± 1.07	5.98 ± 1.69	5.01 ± 0.37	5.68 ± 1.13	

Descrição: P0 = ração comercial sem aditivo (controlo), P1 = ração comercial + 1% de gengibre em pó, P2 = + 1% de açafrão em pó da ração comercial, P3 = ração comercial + 0,5% + 0,5% de gengibre em pó de açafrão em pó.

A partir dos resultados da variância, sabe-se que os tratamentos dados não foram significativamente diferentes (P>0,05) ou não tiveram efeito sobre o valor de conversão alimentar das codornizes reprodutoras do período. O valor médio do rácio de conversão alimentar de cada tratamento variou entre 5,01 e 5,98, sendo o valor médio total de 5,68. O valor pode ser considerado bom quando comparado com as observações de Subekti et al. (2006), segundo as quais o rácio médio de conversão alimentar variou entre 5,87 e 5,36. De acordo com Sudrajat (2014), o rácio de conversão alimentar para codornizes é de 6,64. Os rácios de conversão alimentar alcançados nos tratamentos individuais não são completamente regressivos. P0 prejudicou a taxa de conversão alimentar de 6,45 em 5,32. O declínio foi causado pela ração efesiennya consumida no tratamento, de modo que o ganho de peso corporal foi obtido bem aumentado. Em contrapartida, os outros tratamentos registaram um aumento do valor do rácio de conversão alimentar. P1, P2, P3 aumentaram o rácio de conversão alimentar da quarta para a quinta semana, devido à falta de rações efesiennya consumidas por esses tratamentos. A taxa de conversão do período da ração para reprodutores também pode ser

Fig. 9 Diagrama do período de conversão das rações para codornizes

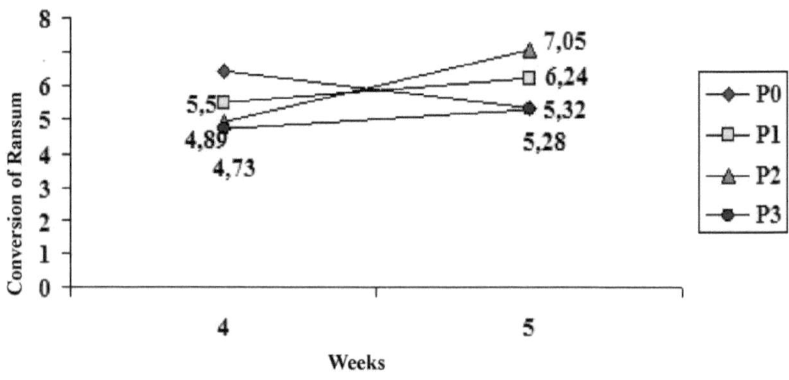

fêmeas reprodutoras

4.2.4 Mortalidade

A morte de codornizes não ocorre em *criadores de* tempo, o que mostra que o sistema imunitário melhorou com as boas codornizes. As mortes que anteriormente eram causadas pela falta de durabilidade das codornizes, que podem ser pisoteadas e as codornizes mortas salpicadas em locais de bebida, já não existem. Aqui está um período de reprodutores de dados de mortalidade de codornas fêmeas, que pode ser visto na Tabela 15.

Quadro 15: Mortalidade das fêmeas de codorniz durante o período de reprodução (cauda)

Mortality (tail)	Treatment				Total
	P0	P1	P2	P3	
Week 4	0	0	0	0	0
Week 5	0	0	0	0	0
Total	0	0	0	0	0

Descrição: P0 = ração comercial sem aditivo (controlo), P1 = ração comercial + 1% de gengibre em pó, P2 = + 1% de açafrão em pó da ração comercial, P3 = ração comercial + 0,5% + 0,5% de gengibre em pó de açafrão em pó.

As codornizes morrem mais em idade jovem e a percentagem de mortalidade das codornizes fêmeas é mais elevada do que a das codornizes machos. Alguns factores que afectam a mortalidade das codornizes incluem a gestão da manutenção, as rações consumidas, o racionamento, a higiene, a temperatura, a humidade e os próprios reprodutores. (Rasyaf 1981).

4.2.5 Exaustão

Os valores utilizados nos *criadores* de esgotamento fazem a sexagem por machos de codornas iniciadoras aquando da transferência de criadores de período para período. A codorna macho é separada do alojamento anterior, isso é feito porque os ovos que são produzidos são direcionados para o consumo de ovos ou ovos comerciais. Seguem as datas de esgotamento das codornas fêmeas reprodutoras de período, que podem ser vistas na tabela abaixo:

Quadro 16 Período de dizimação fêmeas criadoras de codornizes

Depletion (tail)	Treatment				Total
	P0	P1	P2	P3	
Week 4	30	26	22	21	99
Week 5	0	0	0	0	0
Total	30	26	22	21	99

Descrição: P0 = ração comercial sem aditivo (controlo), P1 = ração comercial + 1% de gengibre em pó, P2 = + 1% de açafrão em pó da ração comercial, P3 = ração comercial + 0,5% + 0,5% de gengibre em pó de açafrão em pó.

Do total de codornizes que permanecem no tempo de *arranque* até 218 caudas, fazer a determinação do sexo contra codornizes machos até 99 indivíduos. O total de codornizes machos em sexagem em cada tratamento é de 30 indivíduos P0, P1 de 26 caudas, P2 de 22 caudas e P3 de 21 indivíduos. Na quinta semana, não há mais depleção em cada tratamento. As codornizes criadas deixam de ser sexadas e não apresentam mortalidade até à conclusão do estudo.

CAPÍTULO 5 CONCLUSÕES E RECOMENDAÇÕES

5.1 Conclusão

A adição do aditivo alimentar gengibre em pó, curcuma em pó e uma combinação de gengibre em pó e curcuma em pó não tem efeito sobre o desempenho de crescimento das codornizes (Coturnix coturnix japonica) no período de arranque - reprodução.

5.2 Sugestões

Os alimentos comerciais devem ser substituídos por alimentos auto-formulados. Além disso, o gengibre em pó e o açafrão-da-terra em pó que são utilizados precisam de ser reavaliados. É necessário efetuar estudos semelhantes, indicando o aumento percentual em cada tratamento, para conhecer o efeito do gengibre em pó como suplemento alimentar e da curcuma em pó.

BIBLIOGRAFIA

Abd El-Baky HH, El-Baroty GS. 2008. avaliação química e biológica do óleo essencial da pomada egípcia da Moldávia. Jornal Internacional de Terapia de Óleos Essenciais. 2: 76-81.

Agustiana A. 1996. O uso da farinha de açafrão-da-terra (Curcuma domestica) nas rações contra a aparência e resistência corporal de frangos de corte. [Ensaio]. Departamento de Nutrição Animal e Ciência Alimentar, Faculdade de Ciência Animal IPB. Bogor.

Atma Jaya, Dhanu A. 2014. influência do extrato de curcuma (Curcuma domestica val) e curcuma (Curcumaxanthorrhiza Roxb) na água potável sobre a percentagem e a qualidade da carcaça de frangos de carne. [Paper]. Universidade de Brawijaya.

Bartley J, Jacobs A. 2000. Effects of Drying on Flavour Compounds in Australian-grown ginger (Zingiber officinale). Journal of the Science of Food and Agriculture. 80: 209-215.

Denyer CV, Jackson P, Loakes DM, Ellis MR, Yound DAB. 1994. Isolamento de sesquiterpenos antirrinovirais do gengibre (Zingiber officinale). J Nat Products. 57: 658-662.

(Ministério da Agricultura, 2012. "Diretrizes para a criação de codornizes". Http // www.deptan.go.id Acedido em 10 de novembro de 2016.

Djaelani L, Mukhtar M, Sri SD. Farelo de milho 2015. nível de provisão de fermentação em rações sobre o peso corporal e eficiência adicionado a rações de codornas (Coturnix coturnix japonica) em fase de crescimento. Grouse Journal Science (JBS). 1 (1): 16-17.

Djulardi A, Helmi M, Suslina AL. 2006. Esperança de vários animais e nutrição animal. Imprensa da Universidade de Andalas. Padang.

Ensminger MA. 1992 Poultry Science (Animal Agriculture Series). 3ª edição. *Interstate Publishers, Inc. Danville, Illinois.*

Elfawati. 2006. Efeito de talas de tubérculos de trigo (Xanthosoma saginitifolium) e da adição de metionina na dieta de codornizes em crescimento. Journal of Animal Husbandry. 3 (1): 10-17.

Eze JI, Agbo KE. 2011 Estudos comparativos da secagem solar e ao sol de gengibre descascado e não descascado. Am. J. Sci. Ind. Res. 2: 136-143.

Hazim J. Al-Daraji HA, Al-Wahyani WK, Mirza HA, Al-ahsani US. 2010. Efeito da suplementação dietética com diferentes óleos no desempenho produtivo e reprodutivo das codornizes. International Journal of Poultry Science. 9 (5): 429-435.

Ikpeama, Ahamefula, Onwuka GI, Nwankwo, Chibuzo. 2014 Composição nutricional de Tumeric (Curcuma longa) e suas propriedades antimicrobianas. Revista Internacional de Investigação Científica e de Engenharia, Volume 5, Número 10

Jarwati. 1998. Avaliação da adição de açafrão-da-terra (Curcuma xantorhriza, Roxb) ou curcuma (Curcuma domestika, val) à dieta de ovinos de cauda fina. [Dissertação]. Departamento de Tecnologia Industrial, Faculdade de Agricultura, Universidade Agrícola de Bogor. Bogor.

Kusumoastuti ES. 1992: Efeito da utilização de zeólito nas rações de codornizes (Coturnix coturnix japonica) sobre a produção e qualidade dos ovos no período de produção de 13-19 domingos. [Ensaio]. Faculdade de Ciência Animal, Universidade Agrícola de Bogor. Bogor.

Listyowati E, K. 2005. Codorniz roospitasari: Procedimento de criação comercial. Distribuidor estatal. Jakarta

Mahfouz LD. 2006. Eficácia do Oncom-Tofu-Trebern como aditivo alimentar para frangos de carne. Animal Production. 8: 108-114.

Mardiansyah A. 2013. desempenho de produção e órgão em As codornas receberam ração contendo farelo de trigo e farinha Noni Leaf. [Ensaio]. Faculdade de Ciência Animal, Universidade Agrícola de Bogor. Bogor.

Mufti M. 1997. Influência da fotoregulação e do teor proteico da ração no desempenho durante o período de crescimento das codornizes de Penelur. [Dissertação]. Instituto de Pós-Graduação em Agricultura, Bogor.

Nugroho, Mayun IGK. 1986. Criação de codornizes. Publicado por Eka Offset. Semarang.

North MO, Bell DD. 1990 Commercial Chicken Production Manual. 4ª ed. Van Nostrand Reinhold. New York.

Paimin FB, Murhanato, 2008. aquicultura, manejo, comércio de gengibre. Distribuidor estatal. Jakarta.

Pappas J. 2002. "Coturnix Japonica" (em linha), Animal Diversity Web.http: //animaldiversity.ummz.umich.edu/site/accounts/information/Coturnix/j aponica.ht ml. (31 de dezembro de 2016).

Pujiwati R, Busono W, Sofyan O. 2013. Efeito da utilização de múltiplas fontes de cálcio na alimentação sobre a produção de galinhas poedeiras. Mau

Rahayuningtyas WM, Susilowati, Ghani A. 2012. Influência da idade e do peso corporal nos níveis de hormona de crescimento adicionada em codornizes (Coturnix-Coturnix japonica L.) machos. [Ensaio]. Departamento de Biologia. Universidade Estatal de Malang. Mau

Rasyaf M. 1991. care of quails. Editora Doubleday. Yogyakarta.

Rasyaf M. 2000. gestão de frangos de capoeira. Distribuidor estatal. Bogor

Setyanto A, Antomomarsono U, Muryani R. 2012. influência emprit farinha de gengibre (Zingiber officinale var Amarum) na taxa de rações e digestibilidade contra Native frango alimentar idade 12 domingo. Faculdade de Ciência Animal e Agricultura, Universidade de Diponegoro. Semarang

M. Siregar 2012. fermentação Mandioca (Manihot esculenta) na ração de codornas. [Centro de Estudos de Criação de Animais, Pescas, Recursos Costeiros e Marinhos Faculdade de Criação de Animais HKBP Nonmensen. Campo.

Singh G, Kapoor IS, Singh P, Heluani CS, Lampasona MP, Catalan CAN. 2008. Investigação química, antioxidante e antimicrobiana do óleo essencial e da oleorresina de Zingiber officinale. Food Chem Toxicol. 46: 3295-3302.

Siyadati S, M Afshar, Khosro G. 2011. Efeito da variação do rácio de energia e proteína no desempenho amoroso e nos órgãos viscerais da codorniz japonesa macho. Anais da Investigação Biológica. 2011. 2: 137-144.

Wuryadi S. 2011. livro Smart Farming and Business Quail. Agromedia Reader. Jakarta.

Setiyantari Y. 2003. jacinto de água pemberan (Elichornia crassipes), óleo de farelo de trigo bruto e tubarões contra o período de crescimento performan codorna (Coturnix Coturnix japonica). [Ensaio]. Instituto Agrícola de Bogor. Bogor.

Soeharsono A, Adriani L, Safitri R, Sjofjan O, Abdullah S, Rostika R, Lengkey HAW, Musawwir A. 2010. probióticos: Base científica, aplicação e aspectos práticos. Widya Padjadjaran. Bandung.

Norma Nacional da Indonésia, 01-3905-1995. Estações de arranque para codornizes poedeiras (QuailStarter).

Norma Nacional da Indonésia, 01-3906-1995. rações para codornizes poedeiras Dara (QuailGrower).

Norma Nacional da Indonésia, 01-3907-1995 Rações para codornizes poedeiras adultas (QuailLayer).

Stepanus RL, Dyah LY, Waluyo Edi Susanto. 2014.Pengaruh Use Turmeric and Ginger Extract as Feed Additives Feed on Consumption, Body

Weight Added (PBB), and Broiler Feed Conversion.Faculty of Animal Husbandry Kanjuruhan. Bad.

Sudarsono. 1990. benefícios da cúrcuma vegetal para benefícios de saúde e ginecologia. Recuperado em 27 de fevereiro de 2017.

Sudrajat D, Kardaya D, Dihansih E, Princess SFS. 2014 Desempenho da produção de ovos de codorniz foram dadas rações contendo cromo orgânico. JITV 19 (4): 257-262

Sujana E, Wiwin T, Tuyi W. 2012. Avaliação do desempenho do crescimento de codornizes (Coturnix Coturnix japonica) entre o centro de criação de comunidades de aldeia em Java Ocidental. Lucrari Stiintifice - Seria Zootehnie, 58: 44-49Sumbawati. 1992. O uso de zeólitas com diferentes teores de proteína em rações para codornas sobre a produção de ovos, índice de albúmen e índice de gema. [Paper]. Faculdade de Ciência Animal, Universidade Agrícola de Bogor. Bogor.

Susilorini TE. 2007. potencial da aquicultura 22 pecuária. Distribuidor estatal. JakartaTillman AD, Hartadi H, Reksohadiprodjo S, Prawiro Kusuma S, Lebdosoekoekojo. 1998, Animal Feed Science Basis. Gadjah Mada University Press. Yogyakarta.KS Tiwari, Panda B. 1978. production and quality characteristics of quail eggs. Indian Journal of Poultry Sci 13 (1): 27-32.

Widodo AR, Setiawan H, Sudiyono, Sudibya, Indreswari R. 2013. digestibilidade de nutrientes e performan codorna (Coturnix Coturnix japonica) tofu dregs machos são dadas em rações fermentação. Tropical Animal Husbandry. 2 (1): 51-57.

Wiwit M, Susilowati, Abdul G. 2014. Efeito da idade e do peso corporal contra os níveis de hormona de crescimento adicionados em machos de codorniz (Coturnix Coturnix japonica L.). UM.

Woodard AE, Ablanalp H, Wilson W, Vohra P. 1973. Japanese Quail Husbandry in the Laboratory (Criação de codornizes japonesas em laboratório). Etc. da Califórnia, Davis.

Yuliesynoor YY. 1985. Efeito do aditivo alimentar Omafal - 12 na ração de produção de ovos de codorniz (Coturnix coturnix japonica). [Ensaio]. Faculdade de Ciências Animais, Universidade Agrícola de Bogor, Bogor.

Zahra AA, Sunarti D, Suprijatna E. 2012. Efeito da alimentação Free Select (alimentação de livre escolha) no desempenho da produção de codornizes tlur (Coturnix Coturnix japonica). Revista de Agricultura Animal. 1: 1 -11.

APÊNDICES

Apêndice 1 Variedade de impressões digitais Período de desempenho Iniciador de codornizes

variables	sources Diversity	number Squares (JK)	Non-degree (DB)	Central Squares (KT)	F Count	Sig.
Konsumsi_M1	Between Groups	.770	3	.257	2,607	.100
	Within Groups	1,181	12	.098		
	Total	1,952	15			
Konsumsi_M2	Between Groups	.295	3	.098	.322	.810
	Within Groups	3,662	12	.305		
	Total	3,957	15			
Konsumsi_M3	Between Groups	4,130	3	1,377	2,484	.111
	Within Groups	6651	12	.554		
	Total	10 781	15			
PBB_M1	Between Groups	5,274	3	1,758	.102	.957
	Within Groups	206 976	12	17 248		
	Total	212 250	15			
PBB_M2	Between Groups	37 095	3	12 365	.627	.611
	Within Groups	236 654	12	19 721		
	Total	273 749	15			
PBB_M3	Between Groups	44 420	3	14 807	.580	.639
	Within Groups	306 202	12	25 517		
	Total	350 622	15			
Konversi_M1	Between Groups	.159	3	.053	.246	.863
	Within Groups	2593	12	.216		
	Total	2,753	15			
Konversi_M2	Between Groups	.547	3	.182	.553	.656
	Within Groups	3955	12	.330		
	Total	4,502	15			
Konversi_M3	Between Groups	.320	3	.107	.689	.576
	Within Groups	1,856	12	.155		
	Total	2,176	15			

Apêndice 2 Variedade de impressões digitais Período de desempenho Iniciador de codornizes

variables	sources Diversity	Sum of Squares (JK)	Non-degree (DB)	Central Squares (KT)	F Count	Sig.
Konsumsi_M4	Between Groups	5,368	3	1,789	1,026	.416
	Within Groups	20 928	12	1,744		
	Total	26 295	15			
Konsumsi_M5	Between Groups	2,671	3	.890	.315	.814
	Within Groups	33 903	12	2,825		
	Total	36 573	15			
PBB_M4	Between Groups	2109	3	.703	1,168	.362
	Within Groups	7222	12	.602		
	Total	9332	15			
PBB_M5	Between Groups	1,646	3	.549	.736	.551
	Within Groups	8953	12	.746		
	Total	10,600	15			
Konversi_M4	Between Groups	7,258	3	2,419	1,189	.355
	Within Groups	24 423	12	2035		
	Total	31 682	15			
Konversi_M5	Between Groups	8559	3	2853	.845	.495
	Within Groups	40 523	12	3,377		
	Total	49 082	15			

Apêndice 3 Desempenho das variedades de impressões digitais Período médio de arranque

variables	sources Diversity	Sum of Squares (JK)	Non-degree (DB)	Central Squares (KT)	F Count	Sig.
Konsumsi_Ransum	Between Groups	.866	3	.289	1,706	.219
	Within Groups	2,031	12	.169		
	Total	2,897	15			
United Nations	Between Groups	.249	3	.083	1,063	.401
	Within Groups	.938	12	.078		
	Total	1,187	15			
Konversi_Ransum	Between Groups	.195	3	.065	3,260	.060
	Within Groups	239 How	12	.020		
	Total	.434	15			

Índice

Printed by Books on Demand GmbH, Norderstedt / Germany